中国科普名家名作

趣味数学故事

一字值千金

谈祥柏 著／许晨旭 绘

中国少年儿童新闻出版总社
中国少年儿童出版社

北京

MU LU

目录

HE LI JI QUN

鹤立鸡群

有一些成语是描写男子之美的，例如"鹤立鸡群"
"玉树临风"等。仙鹤站在鸡群里，自然高出一头，哪怕
是锦鸡，也要黯然失色了。

薛平贵穷得成了叫花子，但他在人群中还是显得那么
"鹤立鸡群"，乃至相府千金王宝钏一眼就看中了他，在
"抛绣球"时有意把彩球抛到他的头上——这在京戏里
头是非常有名的。至今在西安郊外，还有"武家坡""寒
窑"等遗址可寻。

不过用"抛绣球"的方式去选意中人，风险实在太
大。万一出了差错，怎么收场呢？国外也有此类民间传
说，但办法就不一样了。

冬尼亚是古代某大国的一位公主，17岁那年有了一位心上人叫大卫。不过，国王坚决反对女儿自己找对象，坚持要按传统方式办事。

国王的选婿仪式如下：在合适的求婚者中选出10人，围着公主站成一圈；接着，由公主选一人作起点，按顺时针方向，数到17(公主的年龄)的这个人即被淘汰出局；继续数下去，数到17的人又被淘汰；如此继续进行下去，直到最后只剩下一人，这个人就是上帝认可的、公主的丈夫。看来，外国人也有"天作之合"那一套。

怎样使大卫最后留下来呢？冬尼亚苦苦思索，终于想出一计。她采取试验办法，用10枚金币代替活人，试了又试，最后终于找到正确对策，使自己如愿以偿，同时也使国王相信，大卫确实是"鹤立鸡群"的。

冬尼亚的对策是怎样的呢？原来，她用金币做实验时发现，无论从哪一枚金币

开始计数，每次拿走第 17 枚，依此进行，最后剩下来的，

必然是最初开始数的第 3 枚金币（图1）。

现在，请读者自己验证一下，各位求婚者是不是按

1G 2E 3F 4J 5H 6A 7B 8D 9I

的先后顺序被淘汰出局的？你看最后留下来的不就是

C 吗？

以上这个美丽的传说，已有好几百年历史，一再被人

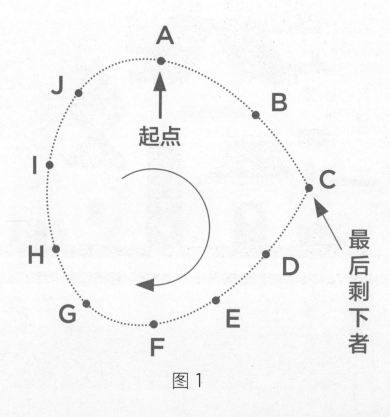

图1

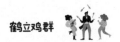

引用,实在有些倒胃口了。17这个数字也稍微大了一些,数起来很麻烦。能不能改用其他自然数呢?办法不变,但是最后仍然要使大卫留下来,并且要求他站立的原始位置仍是C位。

经过一番研究与实验,我果然找到了新办法:只要把17改为5,还是能够使冬尼亚如愿以偿的;当然,中间淘汰的人会有所改变。

把古老的问题加以改进,这也是一种创新意识。■

HUA SHE TIAN ZU

画蛇添足

战国时代，楚王派大将昭阳率军攻打魏国，得胜后又转而攻打齐国。齐王派陈轸(zhěn)为使者去说服昭阳不要攻齐。陈轸作为说客，向昭阳讲了个故事：

楚国有个人在春祭时把一壶酒赏给门客。由于人多酒少，门客们商定，大家在地上画蛇，先画好的人就喝酒；有个门客把蛇画好了，端起酒壶想喝；但他看别人画得很慢，就想再露一手，显显自己的本领。于是，他便左手拿酒壶，右手拿画笔，边画边得意扬扬地说："我还能给蛇添上脚呢！"

正在他添画蛇足时，另一个门客已把蛇画好了。这个门客一面把他的酒壶夺了过去，一面说："蛇本来没有脚，你

怎么能给它添上脚？添上脚就不是蛇了，所以第一个画好蛇的人是我不是你!"说完，就毫不客气地把那壶酒通通喝光了。

在现实生活中，这类事情还真不少。让我们再来看一个例子。

有人开了家饭店，由于博采众长，京、粤、川、扬各派名菜兼收并蓄，再加上菜肴价格比较公道，所以生意很好，天天顾客盈门，把老板笑得合不拢嘴。

光顾这家饭店的人除了散客以外，还有不少常客。原来，这家饭店的菜单是极有特色的，一年当中

菜 单 细 目

花卷	烤鸭	青菜	西瓜
薯条	叫花鸡	菠菜	香蕉
刀切面	神仙鱼	萝卜	水果羹
大米饭	佛跳墙	花菜	
	镇江肴肉	卷心菜	
		四季豆	
		豆芽	

任何两天的菜单决不重复。该店的伙食分成4大类：主食、特色菜、蔬菜、水果。前面便是其中的细目：

第一天的菜单可根据每一类的第一种排出，即第一天的菜单是花卷、烤鸭、青菜、西瓜，次日就换到第二种。当某一类的所有项目都轮过一遍后，便从最上面一种重新开始。比如，某一天的菜单是大米饭、佛跳墙、卷心菜和水果羹，那么，下一天的菜单便是花卷、镇江肴肉、四季豆与西瓜。

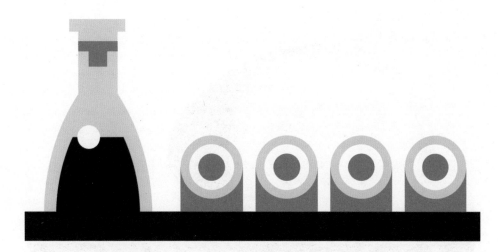

试问：这种菜单要经过多久才会出现完全重复？

生意太好了，原有的人手有点儿忙不过来，于是老板重金招聘了一名厨师。后者为了讨好老板，就自作主张，在特色菜项目中增加了甲鱼，蔬菜类项目中加入了北方人爱吃的韭菜。

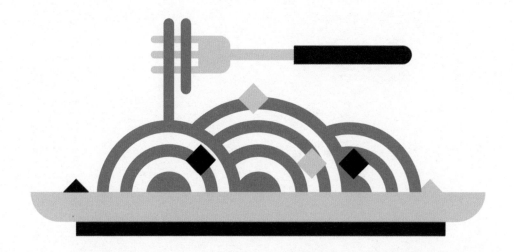

　　不料这名厨师反而被老板炒了鱿鱼。有人认为，这是因为甲鱼价格高，增加了菜肴成本，触怒了老板。其实，近年来人工养殖的甲鱼价格已一降再降，在价位上已经同家常菜平起平坐，难分高下了。

　　你知道厨师被老板解雇的真正原因吗?原来，按照老板的设计，菜单要隔420天才会重复一次。这一点，我们可以从4、5、7、3的最小公倍数得知。**这4个数的最小公倍数是它们的乘积420**，也就是说，要一年多菜单才会出现完全重复。但厨师擅自加菜后，**4、**

6、8、3这4个数的最小公倍数仅仅等于24，周期大大缩短了，连一个月都不到。精明的老板大光其火，又怪厨师自作主张，于是便叫他"下岗"了。■

论功行赏

　　"论功行赏"这个成语，最早出于司马迁的《史记》。汉高祖刘邦灭了项羽，当上皇帝之后，要对功臣们评定功绩的大小，给予封赏。由于群臣争相表功，经过一年多时间，还是摆不平。

　　刘邦认为，萧何的功劳最大。群臣不服，说我们在战场上拼命杀敌，萧何却身居后方；他远离战场，现在却评为第一，我们实在不服。刘邦就用打猎作比方。他说，打猎时，追咬野兽的是猎狗，但发现野兽踪迹的是猎人；大家只是捉到野兽而已，而萧何发现了野兽，指出了攻打目标，其作用就像猎人一样。刘邦这么一说，群臣便不吭声了。

　　除了萧何之外，还有一个曹参。他攻城夺地，功劳很大。刘邦把他排在第二位，大家也心服口服。

　　不过，汉高祖刘邦是一个非常自私的人。他把天下看成是刘家的私产，即使有天大的功劳，如果不姓刘，不是他的子侄，最多只能封侯，不能封王。历史

学家把他的这种做法称为"非刘不王"。

年终分红时，某大公司的总经理打算送一些"红包"给他手下的 5 员得力干将。由于功劳大小各有不同，总经理决定按功分配，不能吃"大锅饭"，以体现他的赏罚分明。

大家都知道，在算术里，1 的用处极大。一笔巨款、一项工程、一批货物等都可以用 1 来表示。换句话说，总经理的意思就是要把 1 分成不相等的 5 份，即 $1=\frac{1}{a}+\frac{1}{b}+\frac{1}{c}+\frac{1}{d}+\frac{1}{e}$，其中 a、b、c、d、e 都是互不相等的自然数。哈！这下子我们就把"论功行赏"同算术问题挂上了钩。

办法是很多的。为了节省篇幅，下面就随便提几种办法。

由于

$$1-\frac{1}{2}=\frac{1}{2}, \quad \frac{1}{2}-\frac{1}{3}=\frac{1}{6},$$

$$\frac{1}{3}-\frac{1}{4}=\frac{1}{12}, \quad \frac{1}{4}-\frac{1}{5}=\frac{1}{20},$$

把以上 4 个式子加起来，即有：

$$1-\frac{1}{5}=\frac{1}{2}+\frac{1}{6}+\frac{1}{12}+\frac{1}{20}$$

一移项，马上就得到等式：

$$1 = \frac{1}{2} + \frac{1}{5} + \frac{1}{6} + \frac{1}{12} + \frac{1}{20}$$

另一种办法是，人们注意到 $\frac{1}{2} + \frac{1}{3} + \frac{1}{6} = 1$，于是

$1 \times 1 = (\frac{1}{2} + \frac{1}{3} + \frac{1}{6}) \times (\frac{1}{2} + \frac{1}{3} + \frac{1}{6})$。保留第一个括号里面的前面两项，而把 $\frac{1}{6}$ 与第二个括号里面的分数相乘，即得：

$$1 = \frac{1}{2} + \frac{1}{3} + \frac{1}{6} \times (\frac{1}{2} + \frac{1}{3} + \frac{1}{6})$$

$$= \frac{1}{2} + \frac{1}{3} + \frac{1}{12} + \frac{1}{18} + \frac{1}{36}$$

第三种办法是利用完全数 28 的性质。所谓完全数，就是一个数除去它本身以外各因子之和正好等于此数本身。28 是第二个完全数（顺便讲一下，6 是第一个完全数），于是不难写出：

$$1 = \frac{1}{2} + \frac{1}{4} + \frac{1}{7} + \frac{1}{14} + \frac{1}{28}$$

请你们自己开动脑筋，多想出几个答案，行吗？

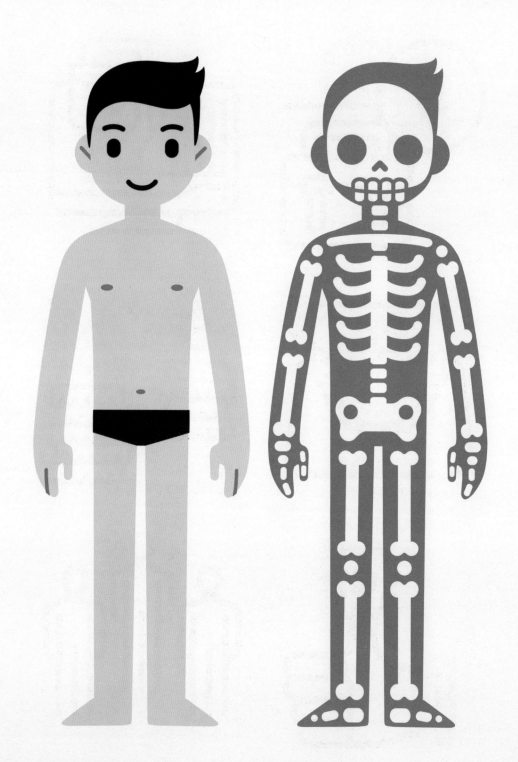

DONG JIAN ZHENG JIE
洞见症结

只要一提起名医,人们马上就会想到华佗与扁鹊。他们医术精湛,有起死回生的本领。

其实扁鹊在历史上有两人。前一个是黄帝时代的神医,但他只 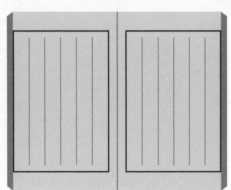 是一个传说中的人物, 其事迹已经无从查考。 至于现代人所指的扁 鹊,是战国时代人,他原来的名字叫秦越人,中国最伟大的历史学家司马迁在《史记》里记载过他的略传。

扁鹊年轻时,曾在一家旅店里做伙计。有位民间医生长桑君常到旅店来住宿。扁鹊见他医道高明,时常向他请教。

当时的医学知识都是父传子、子传孙的，决不传给外人。一旦遭遇意外事故，医术就有失传的危险。长桑君却能大公无私，破除陈规。他看扁鹊聪明过人、虚心好学，又能扶困助危，便决定把自己的本领全部传授给扁鹊。

长桑君从囊中取出一些药物，郑重其事地交给扁鹊，再三叮嘱他说："你用草木上的露水送服此药，连服30天后，就能一通百通，看透许多事物的真相。"

说罢此话，长桑君就把所有的秘方与书籍交付给扁鹊。扁鹊叩头谢恩，表示自己决不辜负老师的期望。长桑君欣慰地连连点头，随即飘然远去，不知所终。

后来，扁鹊依照老师的教导，连服了 30 天的药，竟然能隔墙看见另一边的人，视觉、听觉、嗅觉、触觉和味觉都大大超出常人。他给人看病时，目光如电，能看到病人的五脏六腑，就像现代的 X 射线一样。

"洞见症结"这个成语，就是从上面的传说故事

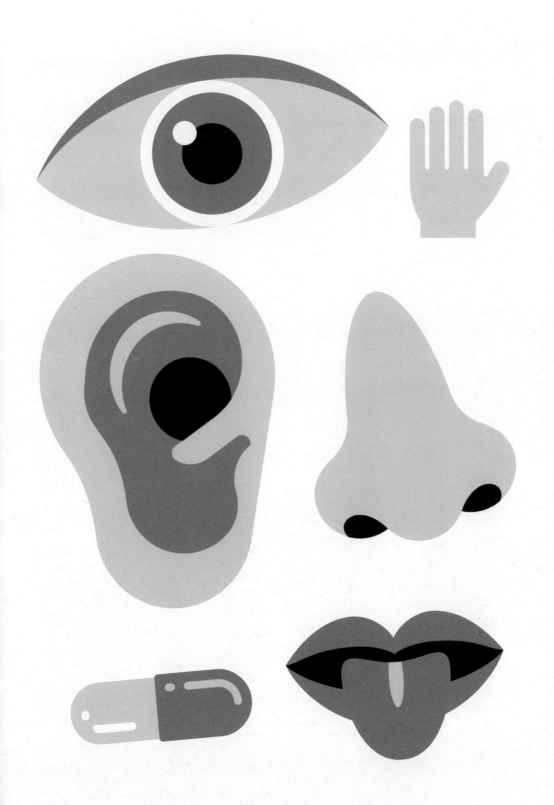

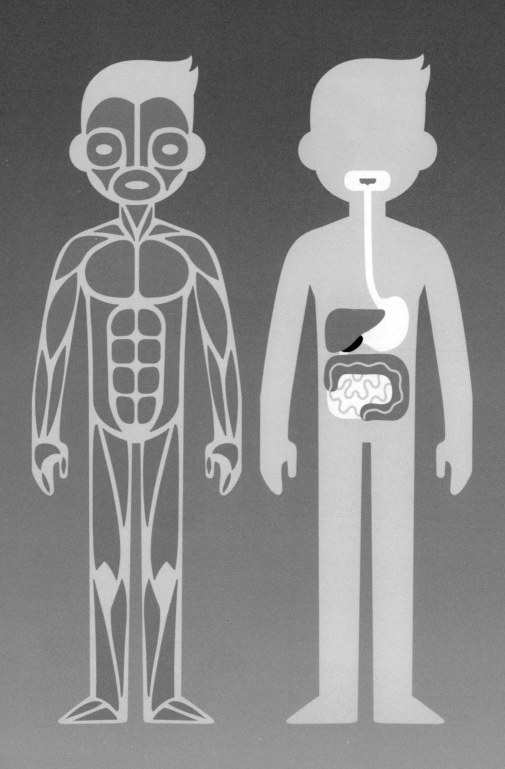

中概括出来的。它的意思是具有敏锐的观察力，能看到事物的关键所在，从而一针见血地解决问题。

20世纪的著名数学教育家波利亚教授称这种能力为"洞察力"，也叫"一眼看到底的能力"，它是数学家必须具有的重要素质。

现在让我们来看一个题目。有5个圆，其半径分别为7cm、5cm、4cm、2cm、2cm。请问怎样将4个较小的圆与最大的圆重叠，使大圆内部实心部分的面积正好等于4个小圆外部阴影部分面积的总和（见图2）？

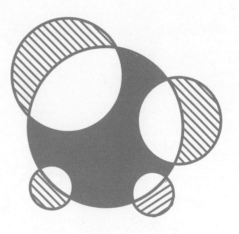

图2

猛一看，这道题非常困难，人们的直觉与根深蒂固的思维定势似乎在诉苦：题目所要求的那种重叠方法兴许是存在的，但是要把它找出来谈何容易，简直像大

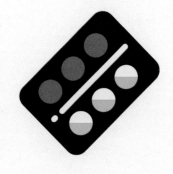

海捞针一样,连个思考的门径都没有!好似有人生了重病,假如没有遇到扁鹊,那就束手无策,只好坐以待毙了!

其实本问题的答案简单得很,只要 4 个较小的圆自己不相重叠,随便怎么摆都行。半径 7cm 的大圆,其面积是 **$49\pi\,(\mathbf{cm}^2)$**;而 4 个小圆的面积之和为 **$25\pi+16\pi+4\pi+4\pi=49\pi\,(\mathbf{cm}^2)$**,两者正好相等。

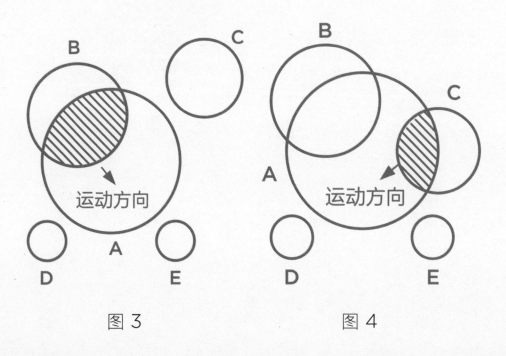

图 3   图 4

现在可以先把 B、C、D、E 4 个小圆摆在大圆 A 圆的外围，然后使 B 圆开始向内移动，渐渐与 A 圆重叠（见上页图 3）。此时容易看出，4个小圆的面积总和（B 圆是外侧部分）还是等于 A 圆被侵蚀后剩下的面积之和——因为双方所失去的面积（图上阴影部分）是相等的。

随后，我们将A、B、D、E各圆保持不动，而使C圆向A圆移动。这时容易看出，由于双方失去的面积(图4

中阴影部分)是一样的，所以上述结论依然有效。

剩下的话就不必多说了，动态证法帮助我们解决了问题。洞见症结，对症下药，妙极了！■

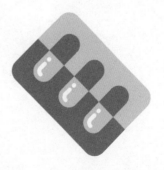

TAN NANG QU WU

探囊取物

"五代"在唐朝和宋朝之间，短短50多年时间，却经历了后梁、后唐、后晋、后汉、后周5个短命的王朝，前后出了13个皇帝。

那是一个生灵涂炭，人命犹如草芥的时代，不要说普通老百姓，就是当朝的大臣，说话一不小心，人头就要落地。韩熙载的父亲因为得罪了皇帝，被后唐明宗李嗣源所杀。为免受株连，韩熙载只好逃亡江南。那时长江以南建立了一些大大小小的"独立王国"，称王称霸，中原王朝鞭长莫及，号令不能过长江，拿他们没有办法。

韩熙载有个叫李毂的好朋友为他送行。握别分手时，韩熙载吹起了牛皮："建都南京的南唐李家王朝倘能用我为宰相，我一定能够率军北伐，迅速平定中原。"

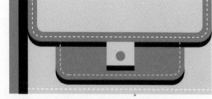

李毂听他这么说，便针锋相对地回答："建都洛阳或开封的中原政权如果请我做宰相，那我一定能帮助皇帝夺取江南各国，好像把手伸进口袋里拿东西那样容易。"

后来的情况又怎样呢？韩熙载逃到南京以后，先后当上南唐皇帝的是李璟（南唐中主）与李煜（南唐后主）父子，他们都是文学家、大词人，荒于酒色，不会治国，在军事上更是十足的门外汉。韩熙载一直未能得到重用。于是他借酒浇愁，成天吃喝玩乐，同歌妓们鬼混在一起。现在流传于世的国宝"韩熙载夜宴图"（几乎任何一本中国绘画史里都要讲到这幅名

画）就把当时的情景活灵活现地描摹了下来。

李毅倒与他不同，此人后来弃文就武，做了后周的大将，跟随后周世宗柴荣南征，打过不少胜仗。然而他毕竟没有当上宰相，夸下的海口也未能实现。

"探囊取物"的意思就是把手伸到自己的口袋里去拿东西，也就是易如反掌的意思。这两个成语的意思相近，在小说里头使用的频率很高。比如，在新派武侠小说名家金庸、古龙、梁羽生的作品里，就常常讲到一些飞仙剑侠，他们砍下仇人的脑袋，就像探囊取物一样容易。

对于计算来说，大家都知道，在加、减、乘、除四则运算中，做除法最麻烦，速度也最慢。要说做除法也像探囊取物那样容易，许多人都

不相信。

不过，这是就一般情况来说的。在个别情况下，做除法也可以不费吹灰之力。只要把被除数、除数一说出口，有人就把答数求出来了，简直像眨眨眼睛那样容易。例如：

717948÷4=179487

原来，做除法的人其实根本没有实实在在地去"除"，而是把最高位上的 7 转移到个位上去，其他数字原封不动，就得出了正确的答数。天哪，这真是怪事一桩啊！

读者们在惊讶之余，自然会追究它们的来历。原来，怪异的被除数与商数都同循环小数有联系。通过把循环小数化成分数（《十万个为什么·新世纪版》的

数学分册里就有具体化法，为了节省篇幅，这里不说了），我们可以得出：

$$0.\overline{179487}=\frac{7}{39}$$

$$0.\overline{717948}=\frac{28}{39}$$

于是就有当然成立的等式：

$$\frac{28}{39}\div\frac{7}{39}=\frac{28}{39}\times\frac{39}{7}=4$$

类似的例子还可以举出许多。因此，要想学好数学，除了抓"共性"之外，还要抓"个性"。大锅饭要吃，有时也要开开小灶，否则就倒胃口了。■

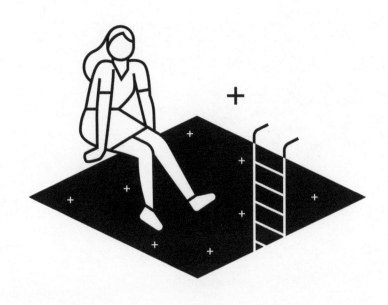

BAI ZHANG GAN TOU

百丈竿头

　　佛教自东汉明帝时开始传入中国，至今已有1900多

年了。它对中国文化的影响十分深远。别的不说，就拿成

语来说吧，汉语中就融入了大量的佛教名词，如"当头棒喝""不二法门""一日不作，一日不食"，等等。

"百丈竿头"（有时也叫"百尺竿头"）就是一个人们喜欢使用的、从佛教那里引用过来的成语。它使用频率相当高，具有积极向上等正面意思，也有更进一步的寓意。

中华书局出版的佛学名著《五灯会元》里讲到一则

和这个成语有关的故事。宋朝时期,湖南长沙出了一位高僧,法号招贤大师。他道德高尚,佛学知识渊博,经常被人请到各地去讲经。

有一天,法师应邀到湘江岸边一座著名寺院去讲经。前来听讲的僧、俗人等座无虚席。大师讲得深入浅出,听众们深受启发。讲经结束后,大家还舍不得离开,气氛十分热烈。最后,大师拿出一个记录唱词的小本本,高声朗

诵了一个偈：

> 百丈竿头不动人，虽然得入未为真。
>
> 百丈竿头须进步，十方世界是全身。

大意是说：一百丈的竹竿并不能算高，大家要努力去探讨十方世界，即研究空间与时间的终极真理。

在数学里，类似例子更多，下面只讲一个"幻方"的例子。众所周知，三阶幻方"洛书"早就被人们发现了。许多人都认为，"洛书"的所有性质早已被研究得一清二楚，再也榨不出什么"油水"了。但是，近年来的研究却发现，"洛书"的奇妙性质远远没有发掘完，比如，"洛书"中原图周边的8个数，如果两两结合起来构成两位数，则可得出令人耳目一新的等式：

$$92+27+76+61+18+83+34+49$$

$$=94+43+38+81+16+67+72+29;$$

$$92^2+27^2+76^2+61^2+18^2+83^2+34^2+49^2$$

$$=94^2+43^2+38^2+81^2+16^2+67^2+72^2+29^2;$$

$$92^3+27^3+76^3+61^3+18^3+83^3+34^3+49^3$$

$$=94^3+43^3+38^3+81^3+16^3+67^3+72^3+29^3$$

而且，一次方之和为**440**，二次方之和为**29460**，三次方之和为**2198900**。如果不相信，你们可以自己去验算一番。

这可真是应验了"百丈竿头，更进一步"这句成语了。将来"洛书"还会有什么性质被发掘出来，人们倒不敢打包票了。■

南辕北辙

这个成语出自《战国策》。

战国时代，魏国人口众多，国力强盛。有一年，魏王心血来潮，打算发兵攻打赵国。赵、魏本是友好邻邦，唇齿相依。季梁知道这个消息以后，忧心如焚，连忙动身去劝阻。

见到魏王后，季梁对魏王说：大王这次攻赵，我也帮不上什么忙，就给大王讲个故事，给大王解解闷。在下这次来见大王，在太行山一带碰到一个怪人，他坐着车驶向

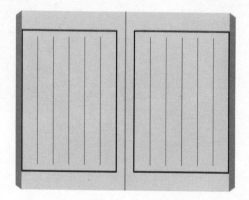

北方，却告诉我他的目的地是楚国。我十分奇怪，连忙提醒他，你要去的楚国在南方，怎么朝北走呢？他指着自己的马回答，咱的马好，它跑得快；又指指随身行李，咱带的钱多，足够路上开销；接着，又向我指指马夫，咱有个善于驾车的马夫。说罢，他扬扬得意，乐不可支地大笑起来。

我看这个人愚不可及，根本听不进意见，只好随他去。其实，他的马跑得越快，马夫越是善于驾车，他离楚国就越远；钱带得再多，也帮不了他的忙。

魏王听了这个杜撰的途中见闻，忍不住笑了。他叹口气说："这个人真笨，居然想不到掉头！"

图5

季梁一听，机会来了。他连忙接过话头："如今大王想接过齐桓公、晋文公的班，成为天下的霸主，必须一举一动都要得民心。如果只倚仗自己兵多将广，

便去进攻赵国，此种做法实在是毫无道理，势必离霸主越来越远，就像要想去楚国而朝北走一样。"

魏王一听，觉得很有道理，就决定停止攻赵了。

这便是"南辕北辙"的来历。所谓"辕"是指车子前面夹住马匹的两根长木，"辙"的意思则是车轮碾过的痕迹。一南一北，相差180°，当然达不到目的了。

总算魏王采纳了季梁的意见，来了一个快速掉头，才不致铸成大错。

有一道"快速掉头"的趣味智力题，设计者是著名科普大师马丁·加德纳。你看，图5上是一条"金

鱼"，正在向上游。其实，它是由10根火柴棒拼起来的。画这幅图可以先画中间的6根，就是物理书上常见的"锯齿波"，然后把一头一尾加上去，"金鱼"的形状就立刻出来了。

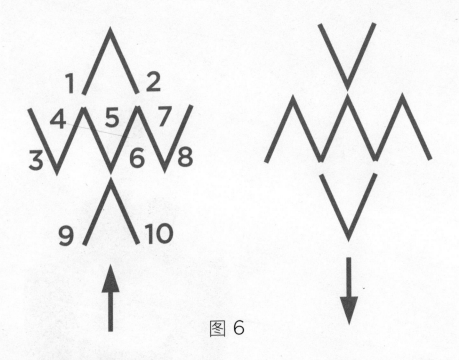

图6

现在，要求你只移动其中的3根火柴棒，使这条"金鱼"马上"掉头"，由向上运动变为向下运动（图6）。我们知道，地图上的方位是上北下南，左西右东。所以套用"南辕北辙"这则成语故事，问题的要求便是：

使游到赵国去的"金鱼"游到楚国去！为了方便起见，

让我们把火柴棒编号，移法如下：

8 移到 3 的左边；

2 移到 1 的左边；

10 移到 9 的左边。

读者们不妨试试其他移动方法。■

YI ZI QIAN JIN

一字千金

　　历史学家司马迁在《史记》中写了一篇《吕不韦列传》。他告诉我们，吕不韦曾经做过秦庄襄王与秦始皇的相国，当时权势熏天。《吕氏春秋》是他门下宾客的集体创作，分为八览、六论、十二纪，共20多万字，号称天地万物、古今之事无所不包。

　　吕不韦的致命伤是明于知彼而昧于知己，对别人的事情了解得一清二楚，还能用充满哲理的"寓言"去教育人，对自己却并无自知之明。《吕氏春秋》问世以后，他有点儿忘乎所以了，居然把它公布于秦国首都咸阳的城门口，并设下千金重赏，凡能增换一字者即可获奖。

　　什么样的好文章，好得简直不能更改一个字？这就使我们想起我国语文界权威、上海复旦大学名誉校长陈望道老先生，在研究"修辞学"时所举的一个有趣的例子——"黄犬奔马"句法的优劣工拙讨论。

　　据说宋代文学家有一次以"黄犬奔马"为例讨论

句法的优劣工拙。

"黄犬奔马"说的是有匹野性难驯的劣马从马厩里逃出来，一路没命般地狂奔，把一只避让不及的狗踏死了。

他们以这则故事分别写一短句，最后比比谁说的句法优。这样一则故事，当时就有 6 种写法：

1 有奔马践死一犬。

2 马逸，有黄犬遇蹄而毙。

3 有犬死奔马之下。

4 有奔马毙犬于道。

5 有犬卧通衢，逸马蹄而死之。

6 逸马杀犬于道。

当时连大文学家欧阳修也卷入了这场争论。讨论来讨论去，由于意思有轻重，文辞有宾主之分，各方面意见不统一，始终得不出个结论。

数学问题的情况就大不相同了。数学号称精密科学，有时真是不能改动一个数字，甚至不能改动一个小数点。

下面就来谈一个有趣的、关于"改良骰子"的故事。

常见的骰子有两枚，每枚上面刻着从 1 点到 6 点的 6 个数字。古书上说，它是由三国时期的著名才子曹植发明的，后来通过"丝绸之路"，逐步传到欧洲等西方国家，至今他们的骰子几乎同我们的一模一样。

两枚骰子所

能表达的数非常有限，仅仅是 2 点到 12 点，而且机会又不均衡。比如，和为 7 点的机会竟是和为 12 点的机会的 6 倍。

于是有位数学爱好者白羊先生想出了一种革新骰子的办法。此种改良骰子也有两枚，然而它能表达的和数远

远超过老式骰子。最妙的是，对于一切和数，所掷出的机会都是完全相等的，也就是等概率的。白羊先生的骰子上还规定不准使用 4、9、

16、25、36 等平方数，但 1 不属此列——因为 $1^n=1$（这里的 n 可以是任意实数）。至于为什么不准刻上这些"正方形数"，这里就不提了。

6

他的设计方案如下：一枚骰子的 6 个面上，分别刻着 1、2、7、8、13、14；另一枚骰子的 6 个面上，则分别刻着 1、3、5、19、21、23。用这两枚骰子可以掷出从 2 点到 37 点的所有点数，且和数的表达式是唯一的。

请问：你能从中改动一个数字吗？

物以类聚

战国时代，号称"东方大国"的齐国出了一位能人，名叫淳于髡（kūn）。他为人诙谐机智，说起话来非常幽默风趣，可以说是滑稽界的一位老前辈。他是齐宣王手下的亲信随从，虽然不是大官，却深受重用。

齐宣王想要招纳贤士，振兴齐国，对抗西边虎视眈眈的秦国。于是，齐宣王叫淳于髡推荐人才。淳于髡满口答应，一天之内，向齐王举荐了7位贤能人士。齐宣王十分惊讶，别人也在背后冷言冷语，说长道短。

齐宣王忍不住，就问淳于髡："我听说人才难得，现在你居然在一天之内推荐了7位贤人，不是太多了吗？真叫我不敢相信。"

淳于髡回答道："话不能这么说。要知道，同类的鸟儿总是聚居在一起，同类的野兽也总是在一起行走。到沼泽地里去寻找柴胡、桔梗等药材，就好像爬到树上去抓鱼，永远别想找到；但是到我国有名的梁

父山的背面去寻找，就可以成车成担地装回来。这就叫作'物以类聚，人以群分'，是理所当然的道理，用不着大惊小怪。现在我淳于髡也可以算是贤人吧，您到我这儿来寻找贤士，就好比到河里去汲水，用火石去打火那样容易。7个人不算多，咱还可以再推荐一些呢！"

淳于髡说得眉飞色舞，由于不存私心，讲起来自然理直气壮。这一席话说得齐宣王心服口服，也就放心大胆地使用这些人才了。

同类事物总是聚集在一起——淳于髡说出了一个朴素的真理。地质、矿物学上有一些"共生矿"；有志登山者，往往组织起一个"登山俱乐部"；甚至冷冰冰的数字，它们也喜欢"聚族而居"。

谁都知道，在＋、－、×、÷四则运算中，要数除法最麻烦，但其中也有不少窍门。比如，两个自然数相除时，如果它们之间没有**公约数**，且除数为9、

99、999、9999(一连串的 9，或者写成 10^n-1) 等形式时，那么商的小数部分必定是循环小数；构成**循环节**的数字，就是被除数的原数，而循环节的位数便是除数里头所含"9"的个数。

这些话说起来很啰唆，但做起来却简单，例如：

$4 \div 9 = 0.\dot{4}$

$4283 \div 9999 = 0.\dot{4}28\dot{3}$

要注意，有时在有效数字的前面需要加 0，例如：

$123 \div 99999 = 0.\dot{0}012\dot{3}$

这样做除法，垂手就可得出商，其速度甚至不比加法慢。

常言道"运用之妙，存乎一心"（这也是句成语），我们可以触类旁通，灵活应用上述办法。比如，当除数为 27、37、909 等数时，可以配成 99…9 的形状。例如：

$32 \div 27 = (32 \times 37) \div (27 \times 37)$

$$=1184 \div 999=1.\dot{1}8\dot{5}$$

$$1234 \div 909=1+(325 \div 909)$$

$$=1+(325 \times 11) \div (909 \times 11)$$

$$=1+3575 \div 9999=1.\dot{3}57\dot{5}$$

又当除数为 11、111、1111 等形式时，也可以用类似的"配 9 法"去做。例如：

$$234 \div 1111=(234 \times 9) \div (1111 \times 9)$$

$$=2106 \div 9999=0.\dot{2}10\dot{6}$$

如果想得出近似商，由于已经掌握了循环节，所以随便从哪一位截取或"四舍五入"，都是信手便得、毫无困难的。

速算有许多规则，它们也是同类事物相聚成类的——只要懂得了这一点，你想成为速算专家也就不难了。■

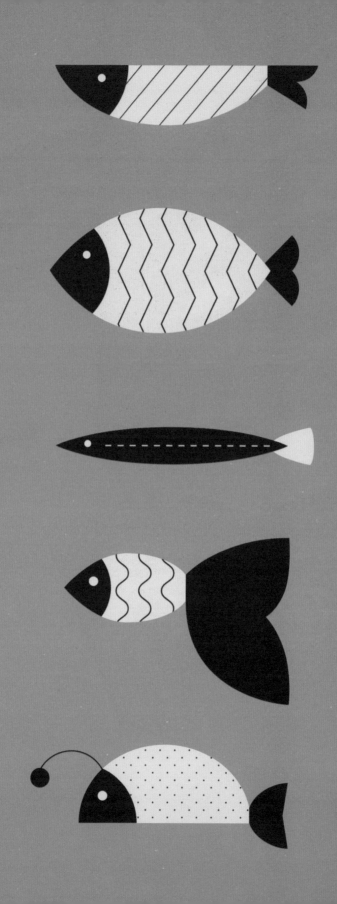

DONG CHUANG SHI FA

东窗事发

公元 1140 年，岳飞率岳家军在河南朱仙镇和金军会战。战斗中金军节节败退，溃不成军。正当岳家军准备挥师北上，收复河山时，推行卖国投降路线的当朝宰相秦桧，和金兵统帅兀术勾结，议定除掉岳飞之后两国讲和。

宋高宗赵构也有他的私心。他怕金国败亡以后，被捉去当俘虏的父亲（宋徽宗）与哥哥（宋钦宗）一旦放回来，他的皇帝可能就当不成了。于是，他连下12道金牌，硬要岳飞退兵。岳飞回临安（南宋的京城，即现在的杭州市）后，马上就被解除了兵权。不久，秦桧指使他的爪牙诬告岳飞想造反，把他逮捕入狱。但是，岳飞宁死不屈，一时无法定罪。"缚虎容易纵虎难"，秦桧和他的老婆王氏就在卧室的东窗之下密谋对策。他授意一些狗腿子伪造证据，又买通了曾在岳飞手下当过将官的叛徒王俊，最后以"莫须有"（宋代语言，相当于"或许有"）的罪名，在公元1142年1月27日杀害了岳飞等人。

1155 年，作恶多端的秦桧终于一命呜呼。没过多久，他的儿子秦熺也死了。王氏很害怕，就请和尚道士前来念经作法。道士恨透了秦桧，便骗王氏，说他到了地狱里，亲眼看到秦桧戴着大铁枷受尽各种酷刑；从地狱出来时，他问秦桧要带什么话给夫人；秦桧哭丧着脸说："请你带话给我夫人王氏，就说东窗事发了。"

"东窗事发"这一成语就是从这里引出来

的。古时候科学不发达，老百姓只能指望用鬼神的力量去奖善罚恶。"东窗事发"这句成语现在用得比较多，比喻一些为非作歹之徒，逃得过初一，逃不了十五，有朝一日，阴谋败露，东窗下的窃窃私语，也将暴露于光天化日之下。

不过，从"事发"到审问定罪，也还需要逻辑推理、归纳演绎。所以有人说：数学与逻辑本是一家，实在难分难解也。

在 S 市的一个新开发区里发生了一桩凶杀案。一个有钱的老头被人杀害，凶手在逃。经过艰苦的侦查后，抓到了甲、乙 2 名疑凶，另有 4 名证人正在接受讯问。

证人赵先生说："甲是无罪的。"

第二位证人钱先生说："乙为人光明磊落，他不可能犯罪。"

另一位证人孙小姐说："前面两位证人的证词中，至少有一个是真的。"

最后一位证人李太

太开腔了："我可以肯定孙小姐的证词是假的。至于她是否存心包庇，或者另有企图，那我就不知道了。"

专案组通过调查研究，最后证实李太太说了实话。现在问你：

凶手究竟是谁？

解决问题的关键是要寻找突破口，由此入手顺藤摸瓜，最终找到问题的答案。培养逻辑思维，提高分析能力，往往可以使我们变得更加聪明；这不仅有助于数学学习，而且对学习其他学科、开发智力也有很大好处。

本题的关键是：第四位证人李太太说了真话。由此可知，孙小姐做了伪证。于是可以肯定，她所说的那句话是假的；因此就能断定，赵先生和钱先生说的都是假话，从而判断出甲和乙都是凶手。

事后，凶手交代，他们确实是同谋作案，用大枕头紧紧压住老头的面孔，使他窒息而死。S 市的晚报，也在最近披露了这一社会新闻。■

XIN KOU CI HUANG

信口雌黄

王衍长得一表人才，学问很好，举止文雅，谈吐得体，年轻时就在京城洛阳出了大名。晋朝的开国皇帝司马炎（曹操手下大臣司马懿的孙子）的老丈人杨骏想把小女儿嫁给王衍，而王衍说不愿攀附权贵，婉言推辞了。王衍自命清高，口中从来不提"钱"字。起床下地时踩到铜钱，马上叫婢女把"阿堵物"（王衍自己发明的代名词，指钱）快快拿开。通过这种手法，他骗取了皇帝的信任，结果当上了一品高官"尚书令"。晚年时，他的女儿也被选为皇太子的正妻。

这时，当朝皇帝晋惠帝是一个弱智低能的白痴，大小事情全由皇后贾南风说了算。因为皇太子不是她的亲生儿子，于是贾皇后就设下圈套，诬陷太子造反。王衍

竟然马上转变"风向"，投靠到贾皇后的阵营里来，并且向她上表，请求皇后让他女儿同太子离婚，以划清界限。晋朝后来发生了"八王之乱"，连贾皇后都被杀掉了，唯有王衍见风使舵，高官位置岿然不动。

欺世盗名，是王衍的拿手本领。他有时讲真话，有时说假话。即使在讲解儒家经典时，凡是不对他胃口的地方，他也随意篡改。人们背地里叫他"信口雌黄"，说他口中好像有雌黄一样——所谓雌黄，就是鸡冠石，当时人们写错了字，可以用它来涂抹更改，好比现在小学生使用的橡皮那样。

公元311年4月，羯族领袖石勒在宁平（相当于现在的河南省鹿邑县西南部）大破晋兵，王衍被俘。被俘后他居然说他从来不喜欢当官，还劝石勒称帝。不料石勒不吃他这一套。王衍被石勒关在一间民房里，半夜里被兵士推倒屋墙压死了。

"信口雌黄"这个成语就是由此转化而来的。同它

类似的，还有"包藏祸心""嫁祸于人""尔虞我诈"等，全是贬义词。

从王衍的故事里，我们不禁想起西方一则非常有名的逻辑趣题：

神秘岛上的居民，不论男女，可以分为 3 类人：永远讲真话的君子；永远撒谎的小人；有时讲真话，有时撒谎的凡夫。

有位外国王爷不远千里而来，他想从 3 位美女 A、B、C 当中选一个做妻子。这 3 个女子中，一个是君子，一个是小人，一个是凡夫。令人不寒而栗的是，那个凡夫竟然是由黄鼠狼变成的美女。

王爷能同君子结婚，当然好极了；不得已而求其次，就算娶了一个小人为妻，他倒也认命了；可是总不能要一个黄鼠狼吧！岛上的长老准许王爷从 3 位美女中任选一个，并向她提一个问题，而此问题只能用"是"或"不是"来回答。

请问：王爷应该怎样发问呢？

王爷得知，神秘岛上居民的等级是：君子第一等，凡夫第二等，小人第三等。于是他从 3 位美女中挑出一个（例如 A），然后问她："B 比 C 等级低吗？"

如果 A 回答"是"，那么王爷该挑 B 做妻子。理由如下：若 A 是君子，则 B 比 C 低，因此 B 是小人，C 是凡夫，所以 B 保证不是黄鼠狼；如果 A 是小人，则 B 的等级比 C 高，这意味着 B 是君子，C 是凡夫，所以 B 一定不是黄鼠狼；如果 A 是凡夫，则它本身就是黄鼠狼，所以 B 肯定就不是黄鼠狼了。不管发生什么情况，王爷挑 B 都没有错，不至于选中黄鼠狼精。

如果 A 的回答是"不"，则王爷可以挑 C 做妻子。推理方法基本相似。■

依样画葫芦

YI YANG HUA HU LU

"五代"是中国历史上极其黑暗、极其混乱的时期，不到 60 年更换了 5 个朝代，13 个皇帝。老百姓苦得要命，但朝廷上有的大臣却大捞钱财，认贼作父，当他的三朝甚至五朝元老。陶谷就是这类恬不知耻之徒。

陈桥兵变以后，宋太祖赵匡胤做了皇帝，五代宣告结束。他对陶谷的为人有所了解，只是由于他的文笔很好，仍旧让他在翰林院里任职。

由于权势不及以前了，陶谷整天牢骚满腹。于是，他托几位大臣在皇帝面前推销自己。大臣们便对太祖说，陶谷在翰林院里出过大力气，资格很老，希望陛下能够重用他，派他做更大的官。

赵匡胤听了却付之一笑："我听说翰林院起草诏令，都是参考前人的脚本来写的，好像俗话所说的，照着葫芦的样子画葫芦罢了，哪里谈得上出大力气！"

此话传到陶谷的耳朵里，他很不服气，为此写了一首发牢骚的诗，最后两句是"堪笑翰林陶学士，年年依样画葫芦"。

"依样画葫芦"从此变成一个成语，意思是刻意模仿，只知照搬，缺少新意。

但是，你可不能认为"依样画葫芦"完全是个贬义词，有时它的作用是很大的，尤其是在学英语、法语等语言的时候。有名的《英语九百句》和《跟我学》(Follow Me)，实际就是依样画葫芦；你跟它学，久而久之，就自然而然地掌握了句型，一通百通了。

数学里头的实际例子也不少。比如，6 位数 142857 是有名的"走马灯数"。它分别与 2、3、4、5、6 相乘，得到的乘积还是由这几个数字组成，其内

部的相对顺序原封不动，只不过像走马灯似的转圈子而已（见图 7 和算式）：

$$142857 \times \begin{cases} 2=285714 \\ 3=428571 \\ 4=571428 \\ 5=714285 \\ 6=857142 \end{cases}$$

图 7

另外，如果把 142857 分成前后两段，那么，其对应数字相加之后就变成 999：

$$\begin{array}{r} 142 \\ +857 \\ \hline 999 \end{array}$$

有人指出，142857 实际上是 $\frac{1}{7}$ 化成小数时得出来的。也就是说，它们实质上是 $\frac{1}{7}$ 的循环节。

于是便有人依样画葫芦，把 $\frac{1}{17}$ 化成小数，这样便

可以得到 16 位循环节，即

$$\frac{1}{17} = 0.\dot{0}58823529411764\dot{7}$$

它也可以分成前后两段，你会惊喜地发现：

$$05882352$$
$$+94117647$$
$$\overline{99999999}$$

果然不出所料，出现了 8 个 9 连成一串。

"走马灯"性质自然也有，不妨让我们举上一例：

$$0588235294117647 \times 11 = 6470588235294117$$
$$\uparrow$$

为了观察数字的转圈特性，这里把首位的 0 予以保留。

比 7 大一些的素数先是 11、13，然后才是 17。但是，以上所说的性质，对 $\frac{1}{11}$、$\frac{1}{13}$ 是不灵的！究竟什么时候灵，什么时候不灵，那就值得思考了。

所以，这不能算是单纯的"依样画葫芦"，还是有它的积极意义的。■

KUAI HE MAN

快和慢

快和慢是一对矛盾。不过，它们经常相辅相成，既是死对头，又像亲兄弟。

快节奏的人责怪慢吞吞的人，"急惊风碰到慢郎中"，"正月十六贴门神，迟了半个月"。后者也不甘示弱，反唇相讥道："一口吃不成个胖子，你'坐上津浦车，前往奉天跑'。"奉天，现在的沈阳市，这句俗语比喻南辕北辙，虽快无用。

常言道："只有不快的斧，没有劈不开的柴"，"铁杵也能磨成针"。只要认真去做，没有克服不了的困难。为什么"三个臭皮匠，能胜过一个诸葛亮"呢？因为，臭皮匠自有笨办法，将就总可以对付得过去，未必会束手无策，一筹莫展。

在数学上，这类例子有的是。下面就让我们来讲一个浅显易懂的，其目的无非是想说明上面已经论证过的道理：蟹有蟹路，虾有虾路；你走你的阳关道，我走我的独木桥。

有一个5位数，在它的后面写上一个7，得出6位数；在它的前面写上一个7，也得到一个6位数。第二个6位数正好是第一个6位数的5倍。问：这个5位数究竟是多少？

不妨设这个5位数为xyzut，在它的后面写上7，得到的6位数为xyzut7；在它的前面写上7，得出的6位数是7xyzut。根据题意，可列出等式：

xyzut7×5=7xyzut

现在把它改写成竖式，以便步步为营，顺藤摸瓜：

$$
\begin{array}{r}
x\ y\ z\ u\ t\ 7 \\
\times \qquad\qquad 5 \\
\hline
7\ x\ y\ z\ u\ t
\end{array}
$$

从个位数开始，从右至左逆流而上。由于 7 乘 5 得到的积是 35，所以 t 是非等于 5 不可的，并且要把 3 进到上一位去。这样一来，竖式就变成下面的形状：

$$
\begin{array}{r}
xyzu57 \\
\times \quad\quad\quad 5 \\
\hline
7xyzu5
\end{array}
$$

由于被乘数的十位数是5，乘以5之后得到的积是25，再加上右面进上来的3，便是28，所以判定u=8，并把2再进到百位数上去。此时，算式再度摇身一变，成为下面的形状：

$$
\begin{array}{r}
xyz857 \\
\times \quad\quad\quad 5 \\
\hline
7xyz85
\end{array}
$$

于是又可判定 z=2。就这样一步步顺水推舟，最后终于求出这个 5 位数是14285。

上面的算法是慢节奏的，步步为营。其优点是顺理成章，十分自然，会做乘法的人都能想得出。

下面再讲一个"一步到位"的快办法。设这个 5 位数为x，则在它后面写上一个7，实际上就相当

于把这个5位数乘以10后再加7，所得到的6位数便是10x+7；在5位数的前面添上一个7，等于是在5位数上加上700000，所得到的6位数便是 **x+700000**。

于是由题意列出下面的一元一次方程：

5(10x+7)=x+700000

50x+35=x+700000

49x=699965

∴   x=14285

结果马上就算出来了。■

唐诗"潮落夜江斜月里，两三星火是瓜州"历来非常有名。说的地方瓜州，位于扬州城西南17千米，与镇江金山隔江相望。清朝康熙、乾隆皇帝6次下江南都取道于此。

这一带地处长江两岸，土地肥沃，物产丰富，商品经济素称发达；尤其是各种手工业产品（包括农具），制作精良，行销全国，经久不衰。

瓜州人民历来有"疾恶如仇"的传统。民间传说，有位县令路过村头，看见两女追打一男。原来是这小子不干好事，调戏少女。少女反抗；另一位女子路见不平，仗义相助。这男子挨了打，见到县令反而恶人先告状。县令问明情由，见他不肯低头认错，反来纠缠，便高声念道："瓜州剪子镇江刀，如皋钉耙海安锹——"那个男子一听，满  面羞惭，落荒而逃。

　　路边的许 多外地人听不懂县令的歇后语。正好有位 工匠路过这里，连忙向大家解释。他说， 这 4 样铁器都是江苏有名的产品，歇后语的后半句便是"打得好"！

　　歇后语是人民群众千百年来广泛流传的口头语言，说起来顺口，听起来顺耳，写起来顺手，是一种十分巧妙而有力的修辞方式。上至官老爷，下到平头百姓，都在自觉或不自觉地运用它。

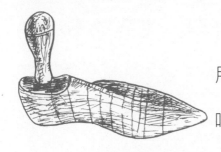

　　歇后语通常都比较短，只用一两句是很难编故事的。在咱们的这个故事里，还应加上两句：小胡同里扛木头——直来直去；何仙姑走娘家——云里来，雾里去。

　　下面讲的故事名叫"一张假钞票"，在初等数学里颇为有名。有位顾客到皮鞋店里去买鞋，

买了一双 300 元的中档皮鞋，付给店主一张 500 元的钞票（人民币根本没有 500 元面额的，故事的背景自然不是中国了）。店主因没零钱，就到隔壁游戏机房处，把这张 500 元的钞票换成零钱，然后给了顾客 200 元。后者拿了找头和皮鞋扬长而去。

顾客刚走，隔壁老板就跑来说，这张钞票是假的。皮鞋店老板只好给他换了一张500元的真钞票，然后拿着假钞票拼命追出去。总算抓住了骗子，二话没说就饱以老拳："好个骗子!你给我的钞票是假的，害我赔了隔壁老板500元，又给了你200元找头及一双价值300元的皮鞋，你得赔我1000元钱!"这顾客被打晕了，但他一想不对，便说:"这双鞋子的钱就是你从隔壁游戏机房换钱后留下的300元钱，我不能赔你1000元，只能赔700元。"

也有人认为，这顾客应赔给皮鞋店老板 800 元，以补偿他 500 元假钞票的损失以及 300 元的皮鞋钱。

真是"何仙姑走娘家"了，又像是上海人的口头语"淘糨糊"——越淘越糊涂。为了节省篇幅，下面只好"小胡同里扛木头"了。这顾客只要再拿出一张 500 元的真钞票就行了；因为游戏机房老板已拿到过皮鞋店老板的一张 500 元真钞票，他已经了结；皮鞋店老板呢，前面已拿过 300 元，这就是鞋钱，顾客再赔他 500 元，一进一出也抵消了他的损失。顾客呢，他拿进了找头 200 元，又买了一双价值 300 元的鞋子，自然应该支付 500 元。

轮流做心

在一些人的心目中，本来是客观、中立、不偏不倚的数居然也有了"个性"，存在着吉凶、善恶、良莠、幸运与倒霉的重大差别。13之为大凶，几乎尽人皆知；现在4又步其后尘，被打入了另册。君不见，有4的汽车牌照与电话号码没人要；就连福利分房，4楼的房屋也不受欢迎。凡此种种，事例多得不胜枚举。其原因很简单，说到底，是因为4与"死"发音很近，听起来差不多。

其实4在过去倒是大走鸿运的。一年有四季——春、夏、秋、冬；4个大方向——东、西、南、北；寺院里的四大金刚，手中拿着雨伞、宝剑、琵琶等法器，号称"风调雨顺"。中国的4字成语，占了成语总数的90%以上。在俗语和歇后语中，这一比例大体上也差不多，不妨

随便举几个例子：

高俅当太尉——一步登天；

白衣秀士王伦当了梁山泊寨主——容不得人。

绕口令在中国民间文学中是一朵奇葩。好的绕口令听过以后，往往令人印象深刻，甚至终生难忘。有趣的是，4种事物的绕口令为数也不少，如：

出门遇着4秀才，一个姓刁，一个姓萧，一个姓郭，一个姓霍。刁萧郭霍相邀直上凌云阁。凌云阁上剥菱角，呼童扫去菱角壳，莫要戳了刁萧郭霍4位老爷的脚。

肩背一匹布，手提一瓶醋，走了一里路，看见一只兔。放下布，搁了醋，去追兔；跑了兔，丢了布，洒了醋。

也许你们想不到吧，几何学里头也会有类似的情况。大家都知道，三角形的垂心是3条高的交点。今有

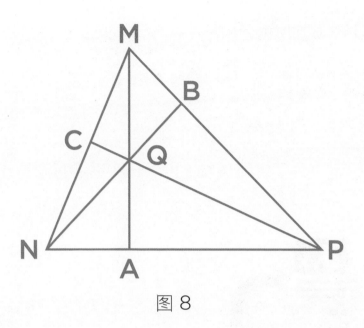

图 8

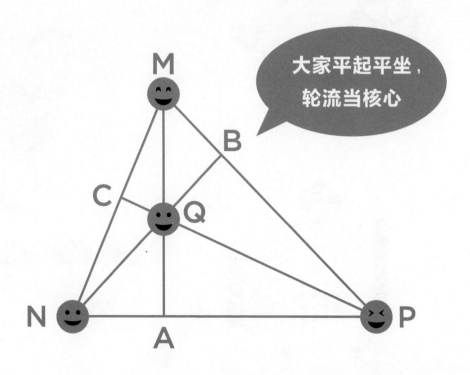

大家平起平坐，
轮流当核心

M、N、P 3点画出的△MNP，从图8中可见3条高线MA、NB、PC相交于Q点，所以Q是△MNP的垂心。

奇妙的是，如果另取M、N、Q 3点来作三角形的话，则因PC(QC的延长线)垂直于MN，PN垂直于MQ的延长线MA，MP垂直于NQ的延长线NB，所以P点就

是△MNQ的垂心了。类似地可以证明N是△MPQ的垂心，M是△NPQ的垂心。也就是说，在上述4个点中，随便取3个点构成三角形，则余下的一个点必为垂心。

这种奇妙的现象，称为"轮流做心（垂心）"。想一想：内心、外心、重心行不行呢？■

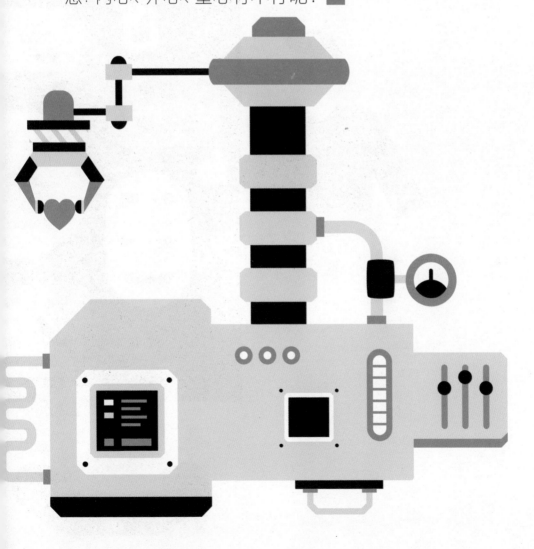

XING YING XIANG BAN,
ZHI ZHI WU QIONG

形影相伴，
直至无穷

中国俗语里头，讲到"尾巴"的为数不少。许多动物身上都长着尾巴，它的作用可不小。常言道"老虎屁股摸不得"，你若不小心摸了老虎尾巴，它就要发威，张开血盆大口来吃人，好不可怕！

"身上有屎狗跟踪"，狗的尾巴简直是它的"传感器"，灵得很。古代相传，小狗在母狗胎中，要尾巴长大了才会生下来。

在十二生肖中，老鼠稳坐着第一把交椅。据说全世界的"鼠口"要比"人口"还多。有的歇后语，用得惟妙惟肖，令人拍案叫绝。例如讽刺警世小说《儒林外史》第14回里，就用了一句尖酸刻薄的歇后语"老鼠尾巴上害疖子——出脓也不多"。

民间传说，得道千年的狐狸精能变人形，山精木魅、

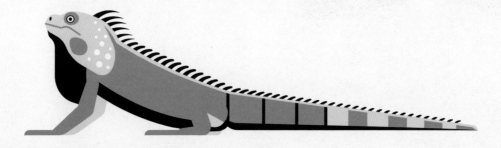

妖魔鬼怪全都不在话下，唯独变不掉尾巴，成了它的致命弱点。

说了这么多"尾巴"，也许你会说，这跟数学有什么关系呢！哈，下面我们要谈的，就是数学里的**"立方同尾"**现象。1993年6月，我国福州的一位汽车司机苏茂挺先生发现了阶数极低的三阶幻方。当时谁也不敢拍板，后来我为他做了鉴定，肯定了它的正确性。

在鉴定过程中，我发现存在着8个"立方同尾数"，即**001、501、249、749、251、751、499、999，**它们可纳入同一个模式：**k×250±1。**

由于篇幅所限，我们不可能在这里大加讨论，只能从中挑选一个999来略加介绍。

众所周知，9是十进位数里的老大哥，许多奇妙现象同 9 有关。而且，它的"同尾现象"从1位数开始就"灵"。

请看：$9^3=729$，最后的1位数"尾巴"，不正是9吗？

下一步，$99^3=970299$，从右至左，最后的2位数尾巴，恰好也是99，同原来的底数一模一样。

再往下走一步，扩展到3位数，$999^3=997002999$，从右到左，截取3位数尾巴，依旧还是**999**。

这使你感到十分惊奇吧，让我们再深入追究下去：

$$9999^3=999700029999$$

这个数字长达12位，但说实话，算起来并不十分吃力，有电脑的人更是轻而易举，不费吹灰之力。没有电脑的人若肯动手动脑，从中发现规律，也许更有意思。

你看，"同尾现象"竟可以一直维持下去，直到无穷！■

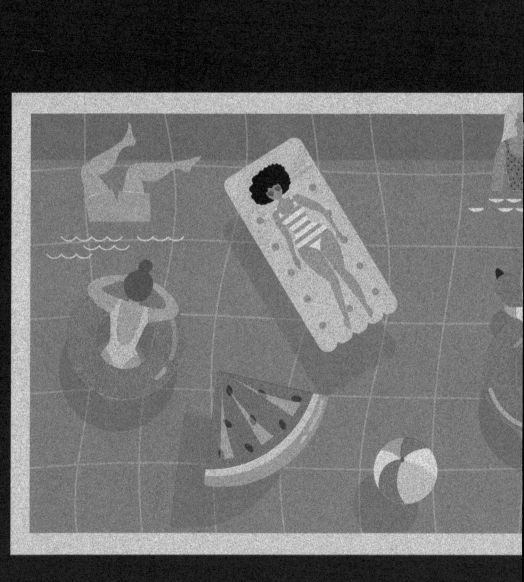

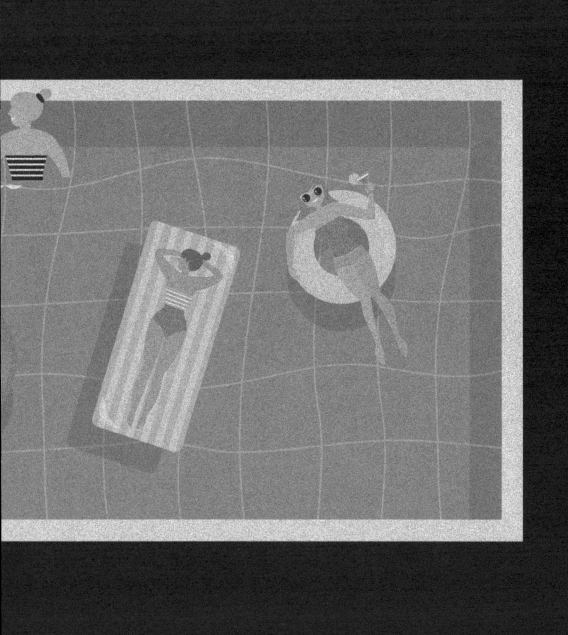

图书在版编目（CIP）数据

一字值千金 / 谈祥柏著；许晨旭绘 . -- 北京：中
国少年儿童出版社，2020.6
（中国科普名家名作 . 趣味数学故事：美绘版）
ISBN 978-7-5148-5897-6

Ⅰ . ①一… Ⅱ . ①谈… ②许… Ⅲ . ①数学 – 少儿读
物 Ⅳ . ① O1–49

中国版本图书馆 CIP 数据核字（2019）第 296275 号

YI ZI ZHI QIAN JIN
（中国科普名家名作——趣味数学故事·美绘版）

出版发行：	中国少年儿童新闻出版总社	
	中国少年儿童出版社	
出 版 人：孙 柱		
执行出版人：马兴民		
责任编辑：李 华	著 者：谈祥柏	
责任校对：夏明媛	绘 者：许晨旭	
责任印务：厉 静	封面设计：许晨旭	
社 址：北京市朝阳区建国门外大街丙 12 号	邮政编码：100022	
编 辑 部：010-57526336	总 编 室：010-57526070	
发 行 部：010-57526568	官方网址：www.ccppg.cn	
印刷：北京市雅迪彩色印刷有限公司		
开本：720 mm×1000mm 1/16	印张：7.5	
版次：2020 年 6 月第 1 版	印次：2020 年 6 月北京第 1 次印刷	
字数：150 千字	印数：8000 册	
ISBN 978-7-5148-5897-6	定价：29.80 元	

图书出版质量投诉电话 010-57526069，电子邮箱：cbzlts@ccppg.com.cn